KEIN HAUS

OHNE GAS!

8. Auflage.

München und Berlin 1909
Druck und Verlag von R. Oldenbourg

KEIN HAUS OHNE GAS!

Zur Belehrung der

Gasverbraucher und solcher, die es werden wollen,

verfaſst und herausgegeben
von
FRANZ SCHÄFER,
Oberingenieur in Dessau.

Achte, durchgesehene und ergänzte Auflage

Nachdruck verboten. Übersetzungsrecht vorbehalten.

München und Berlin 1909
Druck und Verlag von R. Oldenbourg

Inhalts-Angabe.

---

1. Vorurteile gegen das Gas.

2. Die Anwendungen des Gases und ihre Vorteile.

3. Praktische Winke für Gasverbraucher.

4. Schlußwort

1. Vorurteile gegen das Gas.

„Während das abgelaufene Jahrhundert im Zeichen des Dampfes stand, wird das laufende Jahrhundert **im Zeichen des Gases stehen.**"

Manchem wird dieser Ausspruch des bekannten Osnabrücker Hütteningenieurs Fritz Lürmann (Stahl und Eisen, 1903, S. 528) als ein kühnes Wort erscheinen, namentlich demjenigen, der gewohnt ist, nur vom Zeitalter der Elektrizität reden zu hören. Wer aber die Fortschritte der Gastechnik auf allen Gebieten in den letzten Jahren beachtet hat und die rastlosen Bemühungen zahlreicher tüchtiger Köpfe um weitere Verbesserungen verfolgt, der muß die Vorhersagung als begründet anerkennen.

Der gewaltige Aufschwung, den der wirtschaftlich wichtigste Teil der Gastechnik, die **Leuchtgas-Industrie,** gegen Schluß des vorigen Jahrhunderts genommen hat, ist nur ein Beweis von vielen für die Berechtigung des Lürmannschen Wortes.

Von 1881 bis 1908 hat sich die Zahl der Leucht-gasanstalten in Deutschland mehr als verdoppelt, der jährliche Gasabsatz mehr als verdreifacht, die Zahl der Gasverbraucher aber verfünffacht. Neben der Gasbeleuchtung, die durch das **Auerlicht** eine ungeahnte Ausbreitung nahm, hat sich die **Kraftversorgung** und neuerdings noch mehr das **Kochen und Heizen mit Gas** ein überaus großes und noch stetig wachsendes Gebiet erschlossen, dergestalt, daß zurzeit in Deutschland jährlich erheblich mehr Gas zum Kochen, Heizen und Maschinenbetrieb mit Gas verbraucht wird, als vor 25 Jahren überhaupt hergestellt wurde.

Aber noch immer gibt es bei uns weite Kreise, die sich durch Vorurteile vom Gebrauch des Gases abhalten lassen und Einwände dagegen vorbringen, die sich bei genauem Zusehen als **Übertreibungen, Mißverständnisse** oder **veraltete Dinge** herausstellen.

Da gibt es z. B. Leute, die zwar die Vorteile der Gasbenutzung einsehen, sie aber trotzdem nicht aufnehmen, vielmehr ängstlich fragen:

„Ist das Gas nicht giftig, also lebensgefährlich?"

Nun, das Gas enthält zwar einen giftigen Bestandteil, nämlich Kohlenoxyd, in geringer Menge, aber nur, solange es nicht verbrannt ist; beim Verbrennen verbindet sich das Kohlenoxyd mit dem Sauerstoff der Luft zu Kohlensäure. Das Gas kann daher als Gift nur dann wirken, wenn es in geschlossenem Raum in großer Menge unverbrannt ausströmt; in diesem Falle verrät es sich durch seinen penetranten Geruch, bevor es schaden kann.

Betäubungen durch unverbrannt ausströmendes Gas kommen zwar, zumeist als Folge leichtfertigen, regelwidrigen Verhaltens von Gasverbrauchern, immer noch zuweilen vor; ihre Zahl hat sich jedoch bei weitem nicht in dem Maße vermehrt, wie die Zahl der Gasflammen, und dank der vorzüglichen Ausbildung des modernen Rettungswesens (Sauerstoff-Atmung!) ist die Zahl der tödlich verlaufenden Leuchtgas-Vergiftungen in den letzten Jahren erfreulicherweise mehr und mehr zurückgegangen, trotz der ungeheuren Vermehrung der Gasanlagen in Stadt und Land. Daß andere Licht- und Kraftquellen, namentlich auch elektrische Anlagen, nicht weniger lebensgefährlich sind als Gas, ist nachgerade allgemein bekannt und durch die sich stark mehrenden Todesfälle infolge zufälliger Berührung stromführender Gegenstände (siehe S. 9) unwiderleglich erwiesen. Der Mensch hat eben noch keine Naturkraft so völlig zu beherrschen gelernt, daß sie nicht, zur Unzeit und am falschen Ort wirkend, Schaden zu stiften vermöchte.

Es hieße aber, auf alle Annehmlichkeiten des Lebens verzichten, wenn man alles, was vielleicht einmal gefährlich werden kann, verbannen wollte! Alkohol z. B. ist Gift, und doch nimmt der Genuß von Bier und Wein nicht ab; jeder Raucher weiß, daß der Tabak das Gift Nikotin enthält und beim Rauchen Kohlenoxyd entwickelt, aber er raucht dennoch. In der Industrie, im Handwerk, ja auch im Haushalt und in der Küche werden unbedenklich verschiedene Gifte benutzt. Und da sollte man auf das so vielseitig nützliche Gas verzichten, weil es beim Zusammentreffen abnormer Umstände als Gift wirken kann?

Eine weitere Frage, die man so oft zu hören bekommt, lautet:

„Ist das Gas nicht explosibel und feuergefährlich?"

Die Antwort hierauf lautet: Erwiesenermaßen i n n i c h t h ö h e r e m G r a d e a l s a n d e r e M i t t e l zur Erzeugung von Licht und Wärme! **Gas an sich kann nicht explodieren, ja nicht einmal brennen.** Dies wissen diejenigen Zeitungsschreiber nicht, die immer wieder tiefsinnige Erörterungen darüber anstellen, was wohl geschähe, wenn einmal der Blitz in einen der großen Gasbehälter auf einem Gaswerk ein-schlüge oder ein zündender Funken in das unter-irdische Gasrohrnetz geriete. Denn es ist Tatsache, daß Gas n u r d a n n b r e n n e n k a n n, w e n n e s i n L u f t a u s s t r ö m t, und n u r d a n n e x p l o d i e r e n k a n n, w e n n e s m i t L u f t g e m i s c h t i s t, und zwar mit m i n d e s t e n s d e r v i e r f a c h e n und h ö c h s t e n s d e r d r e i z e h n f a c h e n Menge Luft. Nur innerhalb dieser engen Grenzen können Ge-mische von Gas und Luft zur Explosion gebracht werden. Da nun Gas spezifisch viel leichter ist als Luft (noch nicht halb so schwer), so können e n t - z ü n d b a r e G e m i s c h e v o n G a s u n d L u f t n u r i n g e s c h l o s s e n e n R ä u m e n e n t s t e h e n, wenn durch Zufall oder infolge einer Leichtfertigkeit viel Gas unverbrannt ausströmt. In solchen Fällen ist fast immer der Geruch des Gases ein Warner, lange bevor ein entzündbares Gemisch fertig sein kann;

6

denn die menschliche Nase zeigt schon eine Beimischung von 1 Teil Leuchtgas zu 60000 Teilen Luft
an, während Entzündbarkeit erst bei 1 zu 13 eintritt.

Die Explosionsgefahr bei Gasbeleuchtungsan-
lagen ist durch das Gasglühlicht und andere neu-
zeitliche Errungenschaften ganz erheblich verringert
worden. Während z. B. zur Zeit der jetzt fast völlig
verschwundenen offenen Flammen (Schnittbrenner)
zur ausreichenden Beleuchtung eines mittelgroßen
Zimmers drei Brenner mit je ungefähr 200 Liter stündlichem Gasverbrauch nötig waren, die bei versehent-
lichem Offenstehen der Hähne stündlich zusammen
600 Liter Gas unverbrannt ausströmen lassen konnten,
ergibt heute ein einziger Gasglühlichtbrenner mit
90 bis 100 Litern stündlichem Verbrauch eine viel
reichlichere Beleuchtung, kann aber in dem ge-
dachten Falle nur höchstens 100 Liter Gas unverbrannt ausströmen lassen. Es würde daher mindestens sechsmal so lange dauern, ehe ein entzündbares Gemisch im Raum entstünde, die Möglichkeit
und Wahrscheinlichkeit einer rechtzeitigen Ent-
deckung wäre also erheblich größer. Obendrein
ist in den in jüngster Zeit zu großer Vollkommen-
heit gebrachten **chemischen Selbstzündern** (›Iris‹
und andere Blakerzünder) ein einfaches und
billiges Mittel gegeben, das Ausströmen unver-
brannten Gases aus Glühlichtbrennern zu verhüten.

Im übrigen sind die Gasfachmänner und die
Fabrikanten von Gasapparaten aller Art unablässig
und erfolgreich bestrebt, Anordnungen zu erfinden
und einzuführen, durch die das Ausströmen unver-

brannten Gases oder die verkehrte Handhabung von Gashähnen usw. unmöglich gemacht wird.

Bezüglich der Feuersgefahr ist es zwar richtig, daß durch Leuchtgas infolge von Explosionen und durch Entzündung brennbarer Stoffe an Leucht- und Heizflammen tatsächlich Feuersbrünste entstehen können; aber nicht minder richtig ist, daß alle anderen Stoffe und Kräfte, deren sich der Mensch zur Licht-, Kraft- und Wärmeentwicklung bedient, auch öfters Brände verursachen. Der Einwand wäre daher nur dann berechtigt, wenn das Gas in dieser Beziehung ein größeres Schuldkonto hätte als seine Rivalen. Dem ist aber nicht so. Im Gegenteil lehren die zuverlässigsten Vergleichsgrundlagen, nämlich **die Brandursachen-Statistiken der deutschen Feuerversicherungs-Institute und der großstädtischen Feuerwehren,** daß das Gas verhältnismäßig die wenigsten Schadenfeuer verursacht. Danach fallen in den letzten Jahren nicht nur dem Petroleum und dem Spiritus, sondern auch der Elektrizität verhältnismäßig mehr Brandschäden zur Last als dem Leuchtgas. Gerade die Zahl der auf elektrische Ursachen, zumeist auf »Kurzschluß«, zurückzuführenden Brände und die Höhe der durch diese Brände verursachten Schäden hat in den letzten Jahren ganz erheblich zugenommen, wodurch erwiesen ist, daß die immer noch so oft vorgebrachte Behauptung, elektrische Lichtanlagen seien absolut feuersicher, den Tatsachen zuwiderläuft.

Die deutschen Feuerversicherungsinstitute, die in den letzten Jahren steigende Summen als Entschädigung für durch Elektrizität verursachte Brandschäden auszahlen mußten, haben denn auch durch Aufstellung scharfer Vorschriften über die Einrichtung und den Betrieb elektrischer Anlagen in den von ihnen zu versichernden Bauten das Märchen vom ›feuersicheren elektrischen Licht‹ gründlich zerstört. Die immer noch da und dort auftretende Behauptung, durch Einrichtung elektrischen Lichtes könne man die Feuerversicherungsprämien ermäßigt bekommen, ist unzutreffend.

Daß auch die Sicherheit für Leib und Leben bei Elektrizität nicht größer ist als bei Gas, geht daraus hervor, daß nach der sorgfältig geführten Statistik des Verfassers dieses Büchleins in den fünf Jahren 1903 bis 1907 im Deutschen Reich 129 Menschen ihr Leben durch Gasvergiftung und bei Gasexplosionen verloren, aber auch 126 Personen durch elektrische Fehlwirkungen getötet wurden.

G a s a n l a g e n s i n d n a c h a l l e d e m d u r c h a u s n i c h t i n h ö h e r e m M a ß e ›g e f ä h r l i c h‹ a l s e l e k t r i s c h e. S c h l i m m e r a l s G a s o d e r E l e k - t r i z i t ä t i s t a b e r i n d i e s e r B e z i e h u n g d a s n o c h i m m e r v i e l z u s e h r b e n u t z t e P e t r o - l e u m u n d d e r B r e n n s p i r i t u s.

Auf eine weitere Frage:

„Sind die Verbrennungsprodukte des Gases nicht gesundheitsschädlich?“

ist zu erwidern, daß zwar in früheren Stadien der

Gasbeleuchtung, als zur Erzielung bestimmter Hellig
keit acht- bis zehn-, ja zwölfmal so viel Gas verbrannt werden mußte als heute, einigermaßen Be-
denken bestanden, obwohl auch damals in dieser
Beziehung stark übertrieben wurde. Jetzt, wo durch
das Gasglühlicht eine acht- bis zwölfmal bessere
Ausnutzung des Gases erzielt ist als früher, erfolgt
durch das Gasglühlicht nur noch eine derart gering-
fügige Beimischung von Kohlensäure und Wasser-
dampf zur Luft des erhellten Raumes, daß unter
gewöhnlichen Verhältnissen jede schädliche Ein-
wirkung auf den menschlichen Organismus ausgeschlossen ist.

Die Wissenschaft, vertreten durch angesehene
Hygieniker, wie Cramer, Erismann, Geelmuy-
den, Prof. Dr. Renk, Prof. V. Lewes u. a., hat
wiederholt nachgewiesen, daß die Befürchtungen
wegen Luftverderbnis durch Gasbeleuchtung außerordentlich übertrieben sind. Und die Praxis hat
wiederholt, u. a. bei ausgedehnten Versuchen in
Münchener Schulsälen gelehrt, daß in vielbesuchten
Räumen in erster Linie die Ausatmung der
Menschen die Luft verschlechtert, und daß bei
halbwegs zweckmäßiger und ausreichender
Lüftung, die durch die größere Abwärme des Gaslichtes nachdrücklicher befördert wird, die Luft in
solchen Räumen bei Gaslicht besser bleibt als bei
elektrischer Beleuchtung.

Prof. Dr. Renk hat am Schluß eines Berichts
über seine Studien über die hygienische Seite der
modernen Gasbeleuchtung das **Gasglühlicht als eine**

10

„Errungenschaft von gröfster Tragweite für die Gesundheit" bezeichnet

Übrigens sind die Verbrennungsprodukte von Petroleumlampen, Spiritusglühlichtern, Stearin- und Wachskerzen usw. im wesentlichen dieselben wie die von Gasflammen

Leute, die sparsam sind oder sich dafür halten, fragen oft:

„Ist die Benutzung des Gases nicht zu kostspielig?"

Darauf kann man folgendes erwidern: Es hat wohl einmal eine Zeit gegeben, wo das Gas teurer war als andere Leucht- und Heizstoffe. Aber diese Zeit liegt hinter uns. Wer heute noch an der Meinung von der Kostspieligkeit des Gases festhält, der übersieht dreierlei·

1. Daß man heute infolge von Preisermäßigungen, namentlich für Koch- und Heizgas, und infolge von Erleichterungen für den Bezug des Gases für den· selben Preis mehr Gas bekommt als vor 20 oder 30 Jahren;

2. daß man heute infolge der großen Fortschritte und Verbesserungen aus derselben Gasmenge eine unvergleichlich größere Lichtfülle, viel mehr Wärme oder Kraft nutzbar be· kommt als vor 20 oder 30 Jahren;

3. daß die Preise für Petroleum und andere künstliche Lichtquellen sowie diejenigen für Brenn· holz, Kohle usw. gegen früher nicht niedriger, son· dern erheblich höher geworden sind.

Wie sich die Gasbeleuchtung gegenwärtig im Preise stellt und wie sie sich darin zu andern Lichtquellen verhält, ist auf S. 19—22 dieses Büchleins angegeben; über die Kosten des Kochens und Heizens mit Gas ist auf S. 24—27 Auskunft zu finden; die Kosten der Gasbetriebskraft S. 33.

Unter normalen Verhältnissen ist gegenwärtig das **Gasglühlicht die weitaus billigste Quelle künstlichen Lichtes;** bei vorschriftsmäßiger Verwendung ist an vielen Stellen das **Gas die vorteilhafteste Wärmequelle,** und innerhalb gewisser Grenzen ist der **Gasmotor** noch immer die **billigste Kraftquelle** für kleine Betriebe. Man verlange nur von Fall zu Fall Anschläge und Berechnungen und vergleiche sorgfältig und gerecht!

Zuweilen wird der Anschluß eines Hauses an die Gasleitung mit der Begründung abgelehnt:

„Es wird ja doch bald alles elektrisch!"

Den Leuten steht einstweilen elektrischer Strom noch nicht zur Verfügung oder er ist ihnen zu teuer. Statt nun aber Gas zu verwenden, behelfen sie sich mit Petroleumlampen, Spirituskochern, Kohlenbadeöfen, Glühstoffplätten, immer auf die Tageszeitung vertrauend, die ihnen von Zeit zu Zeit das baldige Anbrechen des elektrischen Zeitalters verheißt.

Das Gerede von der demnächstigen Verdrängung des Gases (und auch des Dampfes) durch die Elektrizität ist nun zwar schon recht alt, 30 Jahre und mehr; aber zur Wahrheit geworden ist es nicht, und heute ist es schlechter begründet als

je zuvor. Daß es trotzdem nicht verstummt, liegt
größtenteils daran, daß sehr viele Leute nur g a n z
e i n s e i t i g die Fortschritte der Elektrotechnik und
die Ausbreitung des elektrischen Lichtes beachten
und verfolgen, die neuen Errungenschaften der
Gastechnik und die Ausbreitung der Gasindustrie
hingegen völlig unbeachtet lassen. Es müssen deshalb auch an dieser Stelle einmal einige Tatsachen
kurz erwähnt werden, welche die Sinnlosigkeit des
oben zitierten Schlagwortes beweisen:

1. D i e w i r t s c h a f t l i c h e B e d e u t u n g d e r G a s -
i n d u s t r i e, d. h. die Ausbreitung der Gaswerke, die
Höhe ihres jährlichen Absatzes, die Konsumenten-
ziffer, das in Gaswerken angelegte Kapital u. dgl.,
i s t n i e z u v o r i n s o l c h e m M a ß e g e w a c h s e n
a l s i m »Z e i t a l t e r d e r E l e k t r i z i t ä t«!

2. D e r Z u w a c h s, den die Gasindustrie in
dieser Hinsicht seit dem Auftreten des elektrischen
Wettbewerbs erfahren hat, i s t i n v i e l e n d e u t s c h e n
S t ä d t e n i n e i n e m e i n z i g e n J a h r e g r ö ß e r a l s
d e r G e s a m t u m f a n g, den die Versorgung mit Elektrizität aus Zentralen überhaupt bisher erzielt hat!

3. Nicht nur in Städten, die schon vor Eintritt
des elektrischen Wettbewerbs mit Gas versorgt
waren, mußten in den letzten Jahren die Gaswerke
e r h e b l i c h v e r g r ö ß e r t oder ganz neue Gaswerke
gebaut werden, sondern es wurden auch in zahlreichen deutschen Orten, die zuerst mit Elektrizität
versorgt waren, n a c h h e r n o c h G a s w e r k e e r -
r i c h t e t. In beiden Fällen ist zumeist das An-
lagekapital für die neuen Gaswerke g r ö ß e r, z. T.

sogar ganz erheblich größer als dasjenige der elektrischen Zentralen. Z. B. steckt allein in den n e u e n
Gaswerken, die mehr oder minder lange Zeit nach
der Einrichtung elektrischer Zentralen gebaut werden
mußten oder noch müssen in Bremen, Breslau,
Danzig, Darmstadt, Görlitz, Kiel, Köln, Königsberg,
Mainz, Mannheim, München, Nürnberg u. a. O. zusammen mehr als doppelt so viel Kapital als in
den elektrischen Zentralen dieser Städte. In Berlin
allein sind in den letzten zehn Jahren über
150 Millionen Mark für die E r w e i t e r u n g und
V e r m e h r u n g der Gaswerke ausgegeben worden,
das ist mehr Kapital, als insgesamt in den Berliner
Elektrizitätswerken steckt. In solch gewaltigem
Maße ist in Berlin und seinen Vororten der Gasverbrauch gestiegen, trotzdem schon seit mehr als
20 Jahren elektrischer Strom zu sehr billigem Preise
zur Verfügung steht. Ähnlich liegen die Verhält-
nisse auch im Ausland, z. B. in Wien, Paris, London
und namentlich in Amerika, dem ›Wunderland der
Elektrizität‹. In N e w y o r k wird zurzeit die größte
Gasanstalt der Welt gebaut, die nach ihrer Vollen-
dung jährlich für etwa 100 Millionen Mark Gas
erzeugen wird.

Wie gewaltig die Ausbreitung des Gasverbrauchs
in Deutschland zunimmt, geht auch daraus hervor,
daß nach amtlichen Veröffentlichungen im Jahre
1897 nur 158 000 neue Gasuhren zur Eichung kamen,
im Jahre 1907 jedoch 450 000!

Es ist also bisher nirgendwo ›alles elektrisch‹
geworden, vielmehr hat das Gas seinen Platz nicht

14

nur behauptet, sondern sein Gebiet noch sehr stark erweitert und breitet sich stetig weiterhin aus. Das elektrische Licht und die elektrische Kraft haben sich mehr n e b e n dem Gas als a n s e i n e r S t e l l e Absatz erschlossen, und die Erfahrung hat tausendfach gezeigt, daß Gas u n d Elektrizität in ein und demselben Hause, ein und demselben Betrieb f r i e d l i c h n e b e n e i n a n d e r benutzt werden können.

Es ist nicht abzusehen, daß durch neue Erfindungen eine Änderung dieses Verhältnisses eintreten wird. Gewiß werden auf dem Gebiete der Elektrotechnik große Fortschritte gemacht, die Stromerzeugung wird verbilligt, es werden heller brennende und doch weniger Strom verbrauchende Lampen erfunden werden, a b e r g e n a u d i e s e l b e n M ö g l i c h k e i t e n u n d A u s s i c h t e n b e s t e h e n a u f d e m G e b i e t e d e r G a s t e c h n i k i m g l e i c h e n, j a s o g a r i n h ö h e r e m M a ß e. D a s A u e r l i c h t i n s e i n e r h e u t i g e n F o r m i s t z w e i f e l l o s n o c h l a n g e n i c h t d a s l e t z t e W o r t d e r G a s t e c h n i k!

Wer klug und unbefangen ist, wartet daher nicht, bis „alles elektrisch" wird, sondern nutzt die Annehmlichkeiten und Vorteile des Gases in möglichst großem Umfange aus!

2. Die Anwendungen des Gases und ihre Vorteile.

Das Leuchtgas ist ein überaus vielseitig verwendbarer Stoff. Von **einer** Zentrale aus bietet es zu gleicher Zeit aus ein und derselben Röhre **Licht, Wärme** und **Kraft,** auf jedem Anwendungsgebiete mit großen Annehmlichkeiten und Vorteilen.

Schon die Gasform an sich hat große Vorzüge vor festen und flüssigen Leucht- und Heizstoffen: Das Gas wird in leicht und beliebig teilbarem Strome bis zu der Stelle hingeleitet, wo es verbraucht werden soll, und steht dort jederzeit sofort brauchbar in beliebiger Menge und zu einem keinen Schwankungen unterworfenen Preise zur Verfügung. Zeitverluste, Plackereien und Unannehmlichkeiten, wie sie mit dem Einkauf, dem Transport, der Aufbewahrung und der Brauchbarmachung anderer Leucht- und Brennstoffe verbunden sind, gibt es bei Gas nicht, ebensowenig eine Möglichkeit der Entwendung oder Entwertung.

Beim Verbrauch des Gases ist keine Wartung nötig und ergibt sich keinerlei Unreinlichkeit, kein Abfall, kein Rückstand, kein Rauch, kein Ruß, keine Asche. Der Verbrauch läßt sich leicht ermitteln und überwachen, die bei andern Leucht- und Brennstoffen so oft vorkommende und so schwer festzustellende Verschwendung kann also hintangehalten werden. Die Bezahlung erfolgt erst nach dem Verbrauch; jede Übervorteilung des Abnehmers ist dabei ausgeschlossen, da die Qualität des Gases sich stets annähernd gleich beiblt, die Quantität durch amtlich geeichte Apparate (Gasuhren) gemessen wird.

Zu diesen allgemeinen Annehmlichkeiten kommen nun auf den einzelnen Anwendungsgebieten des Gases die in den folgenden Abschnitten besprochenen besonderen Vorteile.

A. Lichtversorgung durch Gas.

Als Lichtquelle steht das Gas in erster Linie mit dem Petroleum und darnach mit der Elektrizität in Wettbewerb; alle andern künstlichen Lichtquellen, wie Rüböl, Kerzen, Spiritus, auch Luftgas und Azetylen, spielen nur eine untergeordnete Rolle und können als ernsthafter Wettbewerb gegen Leuchtgas nicht auftreten. Wo Leuchtgas nicht zu haben ist, können Luftgas oder Azetylen, allenfalls auch Spiritus, einigermaßen Ersatz dafür bieten.

Die technischen Vorzüge des Gaslichtes vor Petroleum sind bekannt: Reinlichkeit, stets sofortige Betriebsbereitschaft, unbegrenzte Dauer der Brennzeit, bequemere Handhabung, geringere Empfindlichkeit, größere Anpassungsfähigkeit, bessere Lichtfarbe; seine erheblich geringere Feuergefährlichkeit ist bereits S. 8 hervorgehoben.

Der Eigenschaft der Petroleumlampe, von keiner Rohrleitung abhängig und daher ganz frei beweglich zu sein, kommt heutzutage bei weitem nicht mehr die Bedeutung zu wie früher; denn mit demselben oder sogar noch geringerem Geldaufwand, als eine Petroleumlampe erfordert, die nur gerade eine Arbeitsstelle ausreichend erhellt, kann man mit Gasglühlicht den ganzen Raum so ausgiebig beleuchten, daß es nicht mehr nötig ist, die Lichtquelle von einem Platz zum andern zu tragen. Und die neuen bewährten Systeme elektrischer Fernzünder für Gasglühlicht erlauben es, die in einem Raume angebrachten Brenner in jedem Augenblick von beliebiger Stelle aus zu entzünden oder zu löschen, so daß man vor oder beim Betreten eines dunklen Zimmers sofort das Licht darin aufflammen lassen kann, was entschieden bequemer und gefahrloser ist als das Herumtragen einer brennenden Erdöllampe.

Übrigens müssen Gaslampen nicht unbedingt ortsfest sein, man kann sie mit Hilfe von Schläuchen, drehbaren Wandarmen, Zugvorrichtungen u. dgl. in hohem Grade beweglich machen.

Vom nationalökonomischen Standpunkte aus sollte man übrigens nie vergessen, daß der größte Teil des für Petroleum ausgegebenen Geldes ins Ausland geht, während das Geld für Gas im Inland bleibt und direkt oder indirekt deutschen Arbeitern zufließt.

Dem elektrischen Licht gegenüber hat die Gasbeleuchtung den nicht zu unterschätzenden

technischen Vorzug, daß bei ihr die Lichtstärke
und Hand in Hand damit der Gasverbrauch in
ziemlich weiten Grenzen verändert werden
kann, während elektrische Glüh- und Bogenlampen
stets mit derselben Lichtstärke und demselben
Stromverbrauch brennen. Die große Bequemlichkeit
des Ein- und Ausschaltens von beliebig entfernter
Stelle aus, die bisher einen Vorteil der elektrischen
vor der Gasbeleuchtung bedeutete, ist dem Gas
durch die bereits oben erwähnten Fernzünder
jetzt ebenfalls gesichert.

Den Lichtverbraucher interessieren jedoch die
wirtschaftlichen Bedingungen, d. h. die **Be-
triebskosten,** in der Regel weit mehr als die technischen Vor- und Nachteile.

**In dieser Beziehung steht nun das Gas seit
der Erfindung des Auerschen Gasglühlichtes und
seiner neuesten Verbesserungen, namentlich des
hängenden Gasglühlichts, allen andern Lichtquellen
unbedingt und zumeist sehr weit voran.**

Leuchtgas kostet in deutschen Kleinstädten
durchschnittlich **20 Pf.,** in Mittelstädten durchschnittlich **16 Pf.,** in Großstädten durchschnittlich **14 Pf.** pro Kubikmeter (= 1000 l). Da das
Gasglühlicht in seiner neuesten Form zur Ent-
wickelung einer Kerzenstärke stündlich
nur höchstens 1 Liter Gas erfordert, so ergibt
1 cbm mindestens 1000 Kerzenbrennstunden;
die Brenner sind in verschiedenen Größen zu haben,
von etwa 25 Kerzenstärken an (Baby- oder Zwerg-
brenner, Gasglühlichtkerze) bis zu 500, 1000, ja

sogar 4000 Kerzenstärken (Preßgas-, Preßluft- oder Selaslicht). Die jetzt zumeist verwendeten Brennermodelle geben durchschnittlich **100 Kerzenstärken** mit **95** Litern **stündlichem Verbrauch**, erfordern also bei den vorstehenden Durchschnittspreisen in Kleinstädten stündlich für rund **2,0 Pf.** Gas, in Mittelstädten für rund **1,6 Pf.** Gas, in Großstädten für rund **1,4** Pf. Gas. Eine Lichtfülle von 100 Kerzenstärken erfordert somit für nur $1\,^4/_{10}$ bis 2 Pf. Gas in der Stunde.

Petroleum hingegen kostet im Kleinverkauf in großen und mittleren Städten gegenwärtig **18** Pf. pro Liter (1000 ccm), in Kleinstädten meist **20** bis **22** Pf. und mehr. Die zumeist benutzten Rundbrennerlampen verbrauchen **zur Entwicklung einer Kerzenstärke stündlich 4 ccm** Petroleum, mithin ergibt ein Liter etwa **250 Kerzenbrennstunden**. Die gebräuchlichsten Brenner liefern, wenn sie gut imstand sind, nur etwa 25 Kerzen Helligkeit und verbrauchen (bei 20 Pf. pro Liter) für 2,0 Pf. Petroleum in der Stunde (d. i. also, bezogen auf gleiche Helligkeit, **rund viermal so viel** als bei Gasglühlicht). Man erhält daher bei Petroleumbeleuchtung für dasselbe Geld **nur knapp ein Viertel** so viel Licht als bei Gasglühlicht.

Die **Nebenkosten** (für Dochte bzw. Glühkörper, Zylinder und Reinigung) sind dabei sowohl für Gas wie für Petroleum außer acht gelassen; sie sind bei den jetzigen Preisen für Gasglühkörper und Gläser und bei der heutigen Qualität derselben beim Gas **niedriger als beim Petroleum.**

Elektrischer Strom, aus Zentralen bezogen, kostet zurzeit in Deutschland zumeist 40 bis 60 Pf. pro Kilowattstunde. Da die gewöhnliche Kohlenfadenglühlampe (Birne) von 16 Kerzen Anfangsleuchtkraft im Durchschnitt 50 Watt stündlichen Stromverbrauch hat, so erzielt man mit dieser gebräuchlichsten elektrischen Lichtquelle n u r **320** K e r z e n b r e n n s t u n d e n p r o K i l o w a t t. Die in neuerer Zeit zur Einführung gelangten T a n t a l - l a m p e n mit 1,7 Watt Stromverbrauch pro Kerzenstärke ergeben rund **600,** die O s r a m - und andere sogenannte M e t a l l f a d e n l a m p e n (1,1 Watt pro HK-Stunde) rund **900** K e r z e n b r e n n s t u n d e n p r o K i l o w a t t. Rechnet man mit dem niedrigen Strompreis von 40 Pf., so stellen sich demnach die K o s t e n f ü r 100 K e r z e n b r e n n s t u n d e n auf $12^1/_2$ Pf. bei Kohlenfadenglühlampen (d. i. **sechs- bis achtmal so hoch** als bei Gasglühlicht!), auf $7^1/_5$ Pf. bei der Tantallampe d. i. **dreieinhalb- bis fünfmal so hoch** als bei Gas!) und auf $4^4/_{10}$ Pf. bei den Metallfadenlampen d. i. **zweieinhalb bis dreimal so hoch** als bei Gas!).

Der elektrischen **Bogenlampe,** die bisher unter allen künstlichen Lichtquellen an Billigkeit relativ obenan stand, aber nur für g r ö ß e r e Innenräume und für Beleuchtung im Freien geeignet ist, hat die Gastechnik in den neuesten Systemen von **Intensiv- und Preßgasglühlicht** etwas der Lichtfülle nach Ebenbürtiges, der Betriebsbilligkeit nach jedoch Überlegenes zur Seite gestellt. Die Graetzin-, Preßgas- oder Selasgaslampen von 2000 bis 4000 Kerzen

Leuchtkraft verbrauchen nur etwa 1000 bis 1800 l Gas in der Stunde, d. i. für etwa 15 bis 35 Pf.; dabei erfordern sie weit weniger Wartung und liefern ruhigeres, gleichmäßigeres Licht als die Bogenlampe. Die Stadt Berlin benutzt sie mit großartigem Erfolge zur Beleuchtung zahlreicher Hauptstraßen und Plätze.

Eine gute, dem modernen Lichtbedürfnis Rechnung tragende Beleuchtung eines bürgerlichen W o h n - oder E ß z i m m e r s kostet pro Stunde:

Bei **Petroleum** mit einer großen, aber doch nur etwa 40 bis 50 Kerzen starken Hängelampe $3^1/_2$ bis 4 Pf.;

bei **Elektrizität** mit drei gewöhnlichen 16 kerzigen Glühlampen **6** bis 8 Pf., oder besser mit drei 25 kerzigen Tantallampen $4^1/_2$ bis **7** Pf., oder mit einer 100 kerzigen Metallfadenlampe **4** bis **6** Pf.;

bei **Gas** mit einem normalen Graetzinbrenner von 100 Kerzen Leuchtkraft nur $1^4/_{10}$ bis **höchstens** 2 Pf.

Die Gasbeleuchtung in ihren modernen Formen ist also im Betrieb erheblich billiger als Petroleum- und elektrische Beleuchtung! Sie liefert am meisten Licht für das wenigste Geld!

B. Wärmeversorgung durch Gas.

Als Wärmequelle ist das Gas seit etwa drei Jahrzehnten mit f e s t e n u n d f l ü s s i g e n B r e n n - s t o f f e n (Stein- und Braunkohlen, Holzkohlen, Torf, Holz, Erdöl, Spiritus) in Wettbewerb getreten, und zwar auf verschiedenen Gebieten, im Hause, in der Werkstatt, in der Fabrik.

Im **Hause** ist in erster Linie die Küche der Ort, wo das Gas als Heizstoff zahlreiche, schwerwiegende technische Vorteile darbietet:

1. **Größte Bequemlichkeit,** weil alle Arbeit mit dem Brennstoff und dessen Rückständen fortfällt. Es gibt bei Gasfeuer kein Einlagern, Zerkleinern und Herbeischleppen von Brennmaterial, kein Anheizen, kein Nachlegen, kein Schüren, kein Schlacken, keinen Transport von Asche!

2. **Äußerste Reinlichkeit,** weil es weder Staub oder Asche, noch Rauch oder Ruß gibt. Die Geschirre bleiben rein, ebenso die Fußböden und Wände der Küche.

3. **Viel Zeitersparnis,** weil in jedem Augenblick sofort die volle Hitze da ist und das Feuer keine Bedienung braucht.

4. **Raumersparnis,** weil weder in der Küche, noch sonstwo im Hause Brennmaterial aufbewahrt zu sein braucht.

5. **Stete Betriebsbereitschaft,** weil es Störungen durch Rußansammlungen im Herd, durch Schornsteinreinigung, widrigen Wind oder Sonnendruck auf den Schornstein nicht gibt.

6. **Feinste Regulierbarkeit** der Hitze nach dem jeweiligen Bedürfnis, daher wesentlich verringerte Möglichkeit des Anbrennens oder Überkochens der Speisen und verlängerte Lebensdauer der Kochgeschirre.

7. **Keine lästige Hitze,** weil bei Gaskochern und Gasherden richtiger Bauart nutzlos erhitzte große

Flächen fehlen. Daher ist der Gasherd zur Sommers-
zeit und in kleinen Küchen besonders angenehm.

Die praktische Erfahrung hat überdies gelehrt,
daß beim Kochen mit Gas wegen des raschen An-
kochens und der genauen Einstellbarkeit der Hitze
schmackhaftere Speisen erzielt werden und
daß Braten u. dgl. auf Gasfeuer saftiger bleiben
und weniger Gewichtsverlust erleiden als sonst.
Manche feine Gerichte, die bisher nur in größeren
Hotelküchen hergestellt werden konnten, wie auf
dem Grill (Rost) oder am Spieß gebratenes
Fleisch, Waffeln, Pasteten u. dgl., sind mittels Gasfeuerung auch in der Haushaltsküche bequem her-
stellbar geworden.

Diesen vielen Vorteilen des Kochens mit Gas
steht kein Nachteil, sondern nur das Vorurteil
gegenüber, es sei zu kostspielig. Reiche oder
doch wohlhabende Leute könnten es sich leisten,
der aufs Sparen angewiesene kleine Haushalt jedoch nicht. **Diese Anschauung,** die erfreulicherweise immer mehr an Boden verliert, **ist durchaus
falsch.** Zwar muß man den Heizwert im Gase
sechs- bis neunmal so hoch bezahlen als in
Kohlen oder Briketts, aber richtig gebaute
Gasherde nutzen die Heizkraft ihres Brennstoffs in außerordentlich viel höherem
Maße aus als Kohlenherde.

Bei den Kohlenherden geht immer ein sehr
großer Teil der Wärme nutzlos in die Metallteile
der Herde, in das Abzugsrohr und den Schornstein;
an den Töpfen setzt sich eine Rußschichte an, die

den Wärmedurchgang verzögert; das Feuer ist oft zu groß und brennt fast immer viel länger, als man es braucht. Bei den Gasherden dagegen kommt viel mehr Hitze dem Topf zugute, eine verlust-bringende Berußung gibt es nicht, das Feuer kann leicht aufs genaueste reguliert und bei Nicht-gebrauch sofort gelöscht werden. Die Ausnutzung des Brennstoffs beträgt bei offenen Gaskochern etwa 50 %, bei geschlossenen Gaskochherden und -bratöfen **70** bis **80** %, während sie bei Kohlen-herden oft unter 5 % herabgeht und selten mehr als 8 bis 10 % beträgt. Deshalb ist das Kochen mit Gas bei richtiger Handhabung guter Apparate durchaus nicht teurer als das Kochen mit Kohlen. Im Gegenteil ist oft durch Versuche und durch praktische Erfahrung ermittelt worden, daß neben den sonstigen großen Vorteilen noch **Geldersparnis** dabei erzielt wird, namentlich wenn man auch den Geldwert der Zeit- und Arbeitsersparnis gebührend in Ansatz bringt. Wird doch oft genug durch den Übergang zur Gas-küche ein Dienstmädchen oder eine sonstige häus-liche Hilfskraft entbehrlich!

Ein anderes Vorurteil gegen das Kochen mit Gas besteht darin, daß angenommen wird, es setze ein völliges Abgehen von der bisherigen Kochweise voraus, man müsse besondere Kochmethoden lernen und eigens dafür verfaßte Kochbücher benutzen. Dies ist nicht richtig. Die jetzt am Markt befindlichen Gasherde sind den Gewohnheiten der deutschen Hausfrauen

angepaßt, und man kann auf ihnen sämtliche
Gerichte nach jedem beliebigen Kochbuche her-
stellen; es geht nur schneller und bequemer als
auf Kohlenfeuer. Die wenigen und überaus ein-
fachen Handgriffe zur Bedienung der Brenner lernt
man schnell.

Erfreulicherweise sind diese Vorurteile neuerdings vielfach überwunden und bricht sich die
Erkenntnis von dem Nutzen des Kochens mit Gas
in immer weiteren Kreisen Bahn. Nach Millionen
berechnet sich schon die Zahl der im Deutschen
Reich in Betrieb befindlichen Gaskocher und Gasherde, und hunderttausende kommen jährlich neu
hinzu. Es gibt schon ziemlich viele deutsche Städte,
in denen jetzt alljährlich ebensoviel Koch- und
Heizgas abgesetzt wird als Leuchtgas; es mehrt
sich die Zahl der Gaswerke, die mehr Abnehmer
für Kochgas haben als für Leuchtgas. Daß dies
gerade in kleineren und mittleren Städten der Fall
ist, beweist, wie beliebt das Kochen mit Gas nicht
nur bei wohlhabenden Großstädtern, sondern namentlich auch bei den minder begüterten Schichten des
Mittelstandes und Kleinbürgertums geworden
ist. In sehr vielen Orten bedient sich auch die
Arbeiterbevölkerung in steigendem Maße des
Gases in der Küche.

Das Kochen mit Gas ist daher **durchaus nicht,**
wie zuweilen noch geglaubt wird, **ein Luxus
reicher Leute,** sondern ein Vorteil **für die spar-
samen Hausfrauen aller Stände.** Eine gewöhnliche bürgerliche Haushaltung kommt nach vielen

Erfahrungszahlen mit einem jährlichen Verbrauch von etwa 250 bis 350 cbm Gas für die gesamte Kocharbeit gut aus; dies ist $^3/_4$ bis rund 1 cbm oder bei den üblichen Kochgaspreisen **8 bis 10 Pf.** täglich in Großstädten, **9 bis 12 Pf.** täglich in Mittelstädten und etwa **10 bis 16 Pf.** täglich in Kleinstädten.

Besonders bemerkt zu werden verdient, daß der **Spirituskocher** im Betrieb **reichlich doppelt** so viel, der **Petroleumkocher** ungefähr d i e H ä l f t e m e h r Ausgaben verursacht als der Gaskocher. Obendrein sind beide erwiesenermaßen sehr gefährlich.

Ein anderes wichtiges Anwendungsgebiet der Gasfeuerung ist die **Plätterei** im häuslichen und gewerblichen Betriebe. Auch hier erzielt man mit ihr große technische und wirtschaftliche Vorteile. Es ist von großen Betrieben, die Dutzende, ja Hunderte von Plätterinnen beschäftigen, wiederholt anerkannt worden, daß sie mit Gas ihre Plätten (Bügeleisen) billiger erhitzen können als mit irgend welcher anderen Feuerung; wieviel mehr muß dies erst für Haushaltungen zutreffen?

Ferner ist die Gasfeuerung zur schnellen Beschaffung kleiner oder großer Mengen **warmen, heißen** oder **kochenden Wassers** das beste, was man sich denken kann. Vom ganz kleinen W a s s e r - e r h i t z e r an, wie er im Toilettenzimmer einer verwöhnten Schönen angebracht wird, bis zum Massenbrausebad, wie es in Schulen, Anstalten, Kasernen usw. eingebaut wird, ist heute die Gasfeuerung **an** überaus vielen Plätzen zur Erhitzung von

Wasser im Gebrauch. Ja, man kann wohl sagen, nur der G a s b a d e o f e n hat das Baden im Hause populär gemacht, weil er auf die bequemste und billigste Weise und in der kürzesten Frist das erforderliche warme Wasser liefert. Trifft auch die Reklamebehauptung ›I n f ü n f M i n u t e n‹ oder ›F ü r f ü n f P f e n n i g e‹ ein warmes Bad nur in seltenen Fällen zu, so schafft ein guter Gasbadeofen doch in 10 bis 15 Minuten und mit einem Gasverbrauch von 0,7 bis 1 cbm, also für 7 bis 15 Pf., je nach Jahreszeit, Wassertemperatur und Gaspreis ein warmes Vollbad. Die Zahl der Gasbadeöfen in Deutschland beträgt gegenwärtig schon über 400 000 Stück.

Neuerdings beginnt das System der z e n t r a l e n W a r m w a s s e r v e r s o r g u n g ganzer Gebäude und auch einzelner Stockwerke von e i n e m mit Gas beheizten, zweckmäßig in der Küche aufgestellten Warmwasser-Automaten aus sich in Deutschland einzubürgern; man hat dabei neben erhöhter Sicherheit gegen falsche Handhabung die große Annehmlichkeit, zu jeder Tageszeit in jedem Raum des Hauses einer Leitung warmes Wasser entnehmen zu können. Der Gasverbrauch richtet sich dabei von selbst nach dem Verbrauch von warmem Wasser.

Zum **Rösten von Kaffee** im Haushalt wie auch in kleinen oder großen gewerblichen Betrieben eignet sich die Gasfeuerung vortrefflich und erfreut sich dazu großer Verbreitung.

Zur **Heizung von Räumen** aller Art sind G a s - h e i z ö f e n verschiedener Bauart bestimmt. Natür-

lich treffen auch hier die allgemeinen technischen
Vorteile der Gasfeuerung zu, und die meisten marktgängigen Gasöfen besitzen die ihnen zugeschriebenen
Eigenschaften: Rasche und äußerst genau re-
gulierbare Wärmeabgabe, geringe Raum-
beanspruchung, gefälliges Aussehen, ge-
ruchloses Brennen usw. In bezug auf die Kosten
muß aber offen anerkannt werden, daß die Gasheizung für dauernd zu erwärmende Räume
in der Regel teurer zu stehen kommt als die
Heizung mit Stein- oder Braunkohlen, Briketts, Torf o. dgl.

Immerhin gibt es manche Fälle, wo die Anwendung von Gasheizöfen nicht nur durch ihre
Annehmlichkeit begründet, sondern auch wirtschaftlich von Vorteil sein kann: Kleine, nicht ständig
benutzte Räume, Fremdenzimmer in Gasthöfen und
Wohnhäusern, Badestuben, Erker, Veranden, Korri-
dore u. dgl.; ferner Kirchen, Fest- und Konzertsäle,
Schulen; ferner solche Räume, in denen eine ge-
ringfügige, gleichmäßige Erwärmung notwendig ist
(Weinkeller, Pflanzenhäuser u. dgl.). Auch als Aus-
hilfs- bzw. Ergänzungsheizung neben vorhan-
denen, aber nicht ausreichenden oder nicht immer
funktionierenden Zentralheizungen gibt es nichts
Besseres als Gasheizung; man sollte eine Zentral-
heizung in Wohngebäuden ohne ergänzende Gasheizöfen in den Haupträumen (Wohnzimmern) gar
nicht mehr anlegen lassen.

Wenn aber die Gaswerke mit ihrem Haupt-
erzeugnis Gas kein allgemein anwendbares Heiz-

mittel darbieten, so tun sie dies um so mehr in
ihrem Nebenprodukt **Koks,** der ein vortreff-
liches und billiges Heizmaterial ist. Die

Koks-Heizung

bürgert sich denn auch, dank den Bemühungen des
Deutschen Vereins von Gas- und Wasserfachmännern,
immer mehr ein. Neben den altbewährten und
weit verbreiteten irischen Öfen sind seit mehreren
Jahren auch erprobte und vortreffliche deutsche
Koksöfen in vielen Systemen und Modellen zu
haben, in einfacher wie auch reicher und reichster
Ausstattung. Es sind Dauerbrenner, die einen
ganzen Winter lang ununterbrochen im Gang sein
können; sie beanspruchen wenig Raum, besitzen große Heizkraft und gestatten sehr ge-
naue Einstellung der Wärmeabgabe. Dabei
ist ihre Bedienung einfach und leicht. Ihr Preis ist
in den letzten Jahren wiederholt ermäßigt worden,
so daß jetzt ein Koksofen für ein mittelgroßes
Zimmer in geschmackvoller Ausstattung für 35 bis
60 Mark zu haben ist.

Koksfeuerung hinterläßt nur wenig Rückstände,
bildet keinen Ruß in den Öfen und Abzugs-
schloten und entsendet nur wenig schwach bläu-
lichen Rauch. Sie trägt daher zur **Verminderung
der Rauch- und Rußplage in den Städten** sehr
wesentlich bei.

Für den Betrieb von Zentralheizungen ist
Gaskoks, entgegen einer oft vorgebrachten Behauptung, durchaus und mit Vorteil brauchbar.

Der Koks wird von den Gasanstalten in ge-
brauchsfertiger, zerkleinerter Form, in
Körben oder Säcken, fast überall zu einem solchen
Preise geliefert, daß die Heizung von Wohnräumen,
Geschäftslokalen, Sälen usw. damit billiger zu
stehen kommt als mit Steinkohlen oder sonstigem
Brennstoff.

———◆———

Von den überaus zahlreichen Anwendungen der
Gasfeuerung in Gewerbe und Industrie können hier
nur die wichtigsten angedeutet werden: Metall-
bearbeitung (Glühen, Schmelzen, Schweißen,
Löten, Härten, Anlassen von Metallen); Holzbe-
arbeitung (Trocknen, Biegen, Leimen); Textil-
industrie (Sengen, Flämmen, Plätten, Plissieren,
Erhitzen von Preßspänen usw.); Papierindustrie
(Trocknen, Satinieren, Erhitzen von Prägestempeln);
Nahrungsmittelindustrie (Backen, Einkochen,
Rösten, Zucker- und Fettschmelzen usw.); Glas-
fabrikation und -bearbeitung, Glasmalerei,
Chemische Industrie u. v. a.

C. Kraftversorgung durch Gas.

Als Kraftquelle ist das Gas durch die Erfindung des Gasmotors mit der Dampfkraft in Wettbewerb getreten, oder besser, ergänzend hinzu-
gekommen.

**Wieviel Bedarf nach einer stets bereiten,
wenig Wartung erfordernden und billigen**

Betriebskraft vorlag und noch vorliegt, geht aus der großen und immer noch wachsenden Anzahl der Gasmotoren hervor: Nach der sorgfältig geführten Statistik des Verfassers dieses Büchleins waren Ende 1908 an die deutschen Gaswerke über 35000 Gasmotoren mit über 180000 Pferdekräften angeschlossen In zahlreichen Größen von $^1/_8$ bis 300 und mehr Pferdekräften dienen sie den verschiedensten Betriebszwecken, namentlich der Förderung von Wasser, der Erzeugung elektrischen Stromes, dem Betrieb von Buchdruckereien, Schlossereien, Schreinereien, Brauereien, Metzgereien, Bäckereien, Schleifereien, Drehereien, Mühlen, Aufzügen, Sägewerken, Webstühlen, Spinn-, Strick- und Stickmaschinen, landwirtschaftlichen Maschinen u. v. a.

Der Wettbewerb, den der **Elektromotor** dem Gasmotor seit über zwei Jahrzehnten macht, hat zwar in manchen Fällen zur Verdrängung des Gasmotors geführt, es hat sich aber im allgemeinen nach und nach gezeigt, daß es ziemlich genau umgrenzte Anwendungsgebiete für die eine und die andere Triebkraft gibt: Für kleine Kräfte, für oft aussetzende und unregelmäßige Betriebe ist der Elektromotor am Platze, für mittlere Leistungen, etwa von 2 bis 3 Pferdekräften an, und für regelmäßig gehende Betriebe ist der Gasmotor vorteilhafter, insbesondere im Betrieb weit billiger. Die **Sauggas-Generatoren,** die seit einigen Jahren erfolgreich auf den Markt gebracht werden, ergeben **erst von einem bestimmten Kraftbedarf, etwa von**

32

10 bis 12 Pferdekräften an, und dann auch nur in ununterbrochen gehenden Betrieben, einen wirklich billigeren Betrieb als Leuchtgas.

Der Einwand, der Gasmotor sei in der Anschaffung wesentlich teurer als der Elektromotor, ist neuerdings dadurch hinfällig geworden, daß schnellaufende Gasmotoren auf den Markt gebracht wurden, die kaum mehr kosten als gleichstarke Elektromotoren und auch im Raumbedarf diesen nicht viel Vorsprung lassen. Früher waren die schnellaufenden Gasmotoren minder dauerhaft und zuverlässig als die langsamlaufenden; die gewaltige Entwicklung des Automobilwesens, die ja im wesentlichen auf der Durchbildung des kleinen flinken Explosionsmotors beruht, ist aber von günstigem Einfluß auf die Konstruktion dieser Schnelläufer gewesen, so daß man sie heute für viele Gebrauchsfälle unbedenklich empfehlen kann.

Neuere Gasmotoren von 3 bis 4 Pferdekräften verbrauchen nur noch etwa 0,6 cbm Gas pro Stunde und Pferdekraft; für Motoren von 6 und mehr Pferdekräften gewährleisten manche Fabriken neuerdings einen Verbrauch von nur 0,5 cbm Gas pro Pferdekraftstunde. Derartige Motoren verursachen also bei den üblichen Gaspreisen für das Betriebsmittel eine Auslage von nur 5 Pf. pro Stunde und Pferdekraft in Großstädten, 6 Pf. in Mittelstädten und 7 bis 8 Pf. in Kleinstädten.

———◈———

D. Gasautomaten.

In ziemlich vielen deutschen Städten ist neuerdings das System des Gasverkaufs durch Automaten nach englischem Vorbild eingeführt worden,
zumeist in der Weise, daß die Gaswerke die Kosten
für den Anschluß einer Wohnung an ihr Rohrnetz
und für die innere Leitung, die Beleuchtungs-
körper, Brenner, Kocher u. dgl. selbst übernehmen
und das Gas gegen Vorausbezahlung (Einwurf
von Zehnpfennigstücken) in kleinen Beträgen ab-
geben, wobei sie die für 10 Pf. erhältliche Gasmenge so festsetzen, daß ein Teil des Geldbe-
trages Verzinsung und Tilgung des Anlagekapitals
darstellt.

Der Gasautomat ist eine gewöhnliche Gasuhr,
verbunden mit einem Münzeneinwurf und Zähl-
werk, welches bei Einwurf einer oder mehrerer
Münzen den Gasdurchgang freigibt und ihn nach
Verbrauch der bezahlten Gasmenge wieder absperrt.

Mit diesem System sind zwei oft hervorgetretene
Schwierigkeiten für die Ausbreitung der Gasversor-
gung aus dem Wege geräumt: Es braucht weder
der Hausbesitzer, der es vielfach nicht will, noch
der Mieter, der es zumeist nicht kann, die Kosten
der Gasanlage zu tragen, und es braucht der Abnehmer das Gas nicht in größeren Beträgen
monatlich oder vierteljährlich zu bezahlen, sondern
er kann es sich nach Bedarf in kleinen Mengen
kaufen. Darum gelingt es denn mit Hilfe der Gas-

automaten in steigendem Maße, Leucht- und Kochgas auch den kleinen und kleinsten Haushaltungen,
vielfach denen der Lohnarbeiter, zuzuführen.

In England, wo die Gasautomaten erfunden und
zuerst eingeführt wurden, sind ihrer zurzeit über
$2^1/_2$ Millionen im Betrieb; die drei großen Londoner
Gasgesellschaften hatten Ende 1908, 14 Jahre seit
der Einführung des Systems, mehr als 600 000 Gasautomaten im Anschluß, z. T. mehr denn doppelt
so viel als gewöhnliche Gasuhren. Von den neu
hinzutretenden Abnehmern entscheiden sich dort
vier Fünftel für den Gasbezug durch Automaten.

Auch in Deutschland sind zurzeit schon rund
200 000 Gasautomatenanlagen in Benutzung, die
zusammen jährlich gegen 65 Millionen Kubikmeter
Gas im Werte von etwa 9 Millionen Mark ver-
kaufen.

3. Praktische Winke für Gas-
verbraucher.

Das vorausgegangene Kapitel enthält zwar nur einen flüchtigen Überblick über die zahlreichen Anwendungsgebiete des Leuchtgases, es hat aber dem aufmerksamen Leser zweifellos dargetan, wie überaus vielseitig das Gas als Energieträger ist und wie viele Vorteile es als Licht-, Kraft- und Wärmequelle bietet. Danach dürfte wohl kaum noch jemand die Zweckmäßigkeit des Anschlusses seiner Wohnung, seiner Werkstatt, seines Ladens, seiner Fabrik usw. an die Gasleitung in Abrede stellen. Es sind daher nur noch die notwendigsten und wichtigsten Gesichtspunkte für die Bewerkstelligung des Gasanschlusses und Winke für die Benutzung des Gases zu geben.

Anschluß an die Leitung. Wer ein neues Gebäude errichten läßt, sollte dasselbe unbedingt sogleich an das Gasrohrnetz anschließen lassen, weil dies während des Bauens am besten, bequemsten und billigsten bewirkt werden kann und weil der Wert eines Hauses sich erhöht, wenn es von vornherein mit Gas versorgt ist. Man sollte auch dann die Gaszuleitung legen lassen, wenn zunächst kein Gasbedarf in dem neuen Hause vorzuliegen scheint. Alte Gebäude sollte man bei der ersten guten Gelegenheit (Reparaturen oder Umbauten im Hause; Um- oder Neupflasterung der Straße; Um- oder Neulegung von Gas-, Wasser- oder Kanalröhren; Anschluß eines Nachbargebäudes) mit Gas versorgen lassen. Denn das Vorhandensein des Anschlusses verpflichtet noch nicht zur Entnahme von Gas, aber es erhöht den Wert des Hauses. Die Zahl der Mietsparteien, die nur in einem mit Gasanschluß versehenen Hause eine Wohnung mieten, nimmt nämlich ständig zu.

Wer ein Haus oder eine Wohnung, eine Werkstatt, einen Geschäftsraum usw. an die Gasleitung anschließen lassen will, setze sich zunächst mit der Verwaltung der Gasanstalt in Verbindung. Diese hat zumeist gedruckte Bedingungen für den Gasbezug und Formulare zur Eintragung der Anzahl, Art und Größe der gewünschten Leuchtflammen, Kocher, Heizapparate usw.; ebenso verfügt sie zumeist über ein Musterlager der gangbarsten, bewährtesten Brenner usw., erteilt Auskünfte und liefert Kostenanschläge.

Die Ausführung der Zuleitung vom Straßenrohr bis zur Gasuhr darf in den deutschen Städten fast ausnahmslos nur durch Bedienstete der Gasanstalt erfolgen. In der großen Mehrzahl der deutschen Städte führen diese auch die übrigen Arbeiten aus. Ist dies nicht der Fall oder will man sonst die Arbeiten hinter der Gasuhr einem Installateur, Klempner, Schlosser oder sonstigen Handwerker übertragen, so verlässige man sich über die

37

von den Gaswerken aufgestellten Bedingungen
für die Ausführung dieser Arbeiten und achte darauf,
daß der betreffende Handwerker sie auch richtig
innehält. Die Zahl der Städte, in welchen die Verbindung einer neuen Innenleitung mit der Gasuhr
erst nach Vornahme einer amtlichen Prüfung erfolgen darf, nimmt stetig zu.

Gasuhren. Die Bezahlung des Gases erfolgt jetzt
fast ausnahmslos nach der Verbrauchs-
menge, die durch Gasuhren (Gaszähler) festgestellt
wird, deren es zwei Systeme gibt, nämlich nasse,
die bis zu gewisser Höhe mit einer Flüssigkeit ge-
füllt sind, und trockene, die keine Flüssigkeit
enthalten. Die Wirkungsweise ist bei beiden Systemen gleich. Es werden Kammern von bestimm-
tem Rauminhalt durch das einströmende Gas ge-
füllt, setzen dabei ein Zählräderwerk in entsprechende
Bewegung und entleeren sich dann durch das Aus-
gangsrohr. Beide Systeme werden in verschiedenen
Größen für 3, 5, 10, 20, 30, 50 und mehr Flammen
gebaut. Die Gasuhren können von Konsumenten
gegen einen mäßigen Satz gemietet, manchenorts
auch käuflich erworben werden.

Für Auswahl, Aufstellung und Behandlung der
Gasuhren gelten folgende Regeln:

Eine zu kleine Gasuhr ist immer von Nachteil, eine zu große dagegen niemals. Ist man
also nicht völlig sicher, daß eine Gaseinrichtung
später niemals erweitert werden muß, so lasse man
stets eine etwas größere Gasuhr aufstellen als zunächst erforderlich.

Alle Gasuhren sind an leicht zugänglichen, aber vor zufälliger, mut- oder böswilliger Beschädigung gesicherten Plätzen aufzustellen. Nasse Uhren müssen vor Frost gesichert sein. Bei Neubauten tut man gut, dafür von vornherein eine genügend große, Tageslicht empfangende Nische im Kellergeschoß vorzusehen. Für Gasautomaten wähle man einen Platz, wo sie bequem zugänglich, aber vor diebischen Eingriffen möglichst gesichert sind.

Die Behandlung der Gasuhren ist den Bediensteten der Gasanstalt zu überlassen, die in regelmäßigen Zeitabständen den Stand der Zählwerke nachsehen. Eigenmächtiges Nachfüllen von Wasser in nasse Uhren ist schon wiederholt zu Störungen und Unfällen Anlaß gewesen. Funktioniert eine Gasuhr nicht richtig oder ist sie undicht geworden, so benachrichtige man die Gasanstalt.

Nicht selten behaupten Konsumenten, ihre Gasuhren zählten falsch. Hiergegen ist zu betonen, daß alle Gasuhren amtlich geeicht werden müssen und von den Eichämtern nur dann mit dem das innere Werk unzugänglich machenden Stempel versehen werden, wenn sie bei der Probe richtig zählten. Wird im Lauf der Zeit das innere Werk undicht, so zählt die Uhr zumeist zum Schaden des Gaswerks, sehr selten zu dem des Abnehmers falsch. Dagegen kommt es zuweilen vor, daß die den Gasuhrstand aufnehmenden Gaswerksleute Ablesefehler begehen; in diesem Falle ist aber eine wirkliche und dauernde Benachteiligung des Abnehmers dadurch ausgeschlossen, daß der Ablesefehler bei der nächsten Aufnahme sich von selbst korrigiert, wenn er nicht schon vorher infolge Beanstandung der Gasrechnung ermittelt wird.

Im übrigen wolle man nie vergessen, daß von der Gasuhr auch dasjenige Gas gemessen wird, welches unnützer- und verschwenderischerweise verbrannt wird oder aus undichten Leitungen entweicht!

Die Leitungen. Verkehrt angebrachte Sparsamkeit führt immer wieder zur Wahl zu enger Röhren für Hausleitungen, dem schlimmsten Fehler, der bei einer Gasanlage gemacht werden kann. Man spart sich unendlich viel Verdruß und erleichtert und verbilligt sich spätere Erweiterungen, wenn man von vornherein die Regel beachtet und befolgt:

„Zu weite Röhren schaden nie, zu enge immer!“

Die weitaus meisten Klagen über „zu geringen Druck“ und „schlechtes Gas“ beruhen auf zu engen Leitungen. Wenn in einem vierstöckigen Mietshause nur ein Steigerohr von $^3/_4$ Zoll Lichtweite angelegt wird und daraus außer einer Anzahl Leuchtflammen, Kochern, Gasherden usw. noch in jedem Stockwerk ein Gasbadeofen gespeist werden soll, so müssen Störungen und Unzuträglichkeiten sich einstellen.

Neue Gasleitungen müssen vor der Ingebrauchnahme mit Luft unter hohem Druck auf ihre Dichtigkeit geprüft werden. Es ist nie von Nachteil, diese Probe von Zeit zu Zeit wiederholen zu lassen;

sie kostet weniger als das durch etwaige Undicht-
heiten entweichende Gas. In vielen Städten muß
die Leitung wiederholt geprüft werden, wenn sie
längere Zeit nicht benutzt wurde.

In den Gasleitungen können sich flüssige und
feste Ausscheidungen (Wasser, Naphthalin, Rost)
niederschlagen und zu mangelhaftem Funktionieren
der Brenner Anlaß geben. Sie müssen durch Ausblasen oder Ausspülen entfernt werden. Mit Wasser
gefüllte Stellen in Gasleitungen können einfrieren
und müssen dann aufgetaut werden, was am sicher-
sten durch Begießen mit kochendem Wasser oder
Anpressen von mit heißem Sand gefüllten Säckchen
geschieht; das Auftauen mit Lötlampen ist nicht
ungefährlich und darf nur durch erfahrene Fachleute
vorgenommen werden.

Gasleitungen können undicht werden, besonders
an Verbindungsstellen oder da, wo sie infolge
Feuchtigkeit durchrosten. Die Undichtigkeit verrät
sich durch den Geruch des ausströmenden Gases.
Das beim Auftreten von Gasgeruch immer noch
übliche Ableuchten der Leitungen, namentlich
derjenigen an den Decken, ist sehr gefährlich und
darum auf alle Fälle zu unterlassen; das Richtigere
ist Abpinseln mit Seifenwasser. Wenn sich in
einem Raum starker Gasgeruch bemerklich macht
und nicht ein offenstehender Brennerhahn oder ein
abgerissener oder defekt gewordener Schlauch als
Ursache ermittelt werden kann, so öffne man
vor allen Dingen Fenster und Türen, sorge,
daß niemand den Raum mit Licht betritt,

schließe den Gashaupthahn und benachrichtige schleunigst die Gasanstalt. Durch
Nichtbeachten dieser Vorschriften entstehen die
meisten Gasexplosionen.

Elektrische Stromleitungen sollten niemals in unmittelbare Nähe von Gasleitungen verlegt werden. Es ist wiederholt vorge-
kommen, daß durch elektrischen Kurzschluß die
nahe Gasleitung geschmolzen und das ausströmende
Gas entzündet wurde.

Druckregler. In Orten, wo die Gasanstalten stark
wechselnden Druck geben oder wo
einzelne Stadtteile infolge höherer Lage stärkeren
Gasdruck bekommen, ist der Einbau eines nassen
oder trockenen Druckreglers am Platze, wodurch
man ruhiges, gleichmäßiges Licht und mehr oder
minder große Gasersparnis erzielen kann. Auch
gibt es Konsumregler für einzelne Brenner für
denselben Zweck. Leider sind neben einigen guten
auch viele ungeeignete Regler am Markt. Man
befrage daher vor Ankauf solcher Apparate die
Verwaltung der Gasanstalt; der Gedanke, diese sei
einer Einrichtung, mit der Gas gespart werden kann,
feindselig gesinnt, ist durchaus falsch. Bei Gasglühlichtbrennern verwendet man neuerdings mit
Vorteil Regulierdüsen, die auch bei Kochern,
Gasherden usw. nützlich sind.

Beleuchtung. Auf dem Gebiete der Gasbeleuchtung
sind die offenen Flammen
dermaßen zurückgetreten, daß sie keiner Berück-
sichtigung an dieser Stelle mehr wert sind; ihr

völliges Verschwinden ist nur noch eine Frage der Zeit. Das Gasglühlicht beherrscht das Feld. Bei ihm leuchtet nicht die Flamme selbst, sondern es wird durch die entleuchtete, blaubrennende Flamme eines Bunsenbrenners ein Glühkörper (›Strumpf‹, ein mit Nitraten seltener Erdmetalle, wie Thorium, Cerium u. dgl., getränktes Pflanzenfasergewebe) in Weißglut versetzt. Diese Glühkörper waren ursprünglich überaus zerbrechlich; sie sind jedoch durch rastlose Erfinderarbeit bedeutend verbessert worden, so daß jetzt Glühkörper von großer Dauerhaftigkeit und Widerstandsfähigkeit bei gegen früher erheblich gesteigerter Leuchtkraft zu haben sind. Dasselbe gilt von den Glaszylindern; sie waren vor zwölf Jahren wenig haltbar, heute hingegen gibt es mehrere Fabrikate, die bei brennender Flamme mit kaltem Wasser angespritzt werden können, ohne Schaden zu erleiden.

Gasglühlichtbrenner sind jetzt in verschiedenen Größen zu haben, vom etwa 25 kerzigen Babybrenner an bis zum 4000 kerzigen Intensivbrenner (Systeme Selas, Graetz u. a.). Am verbreitetsten war bisher der stehende (aufw. brennende) Auerbrenner, der bei 110 bis 120 l stündlichem Gasverbrauch eine Lichtfülle von 90 oder mehr Hefnerkerzen liefert, und der kleinere Juwel- oder Liliput-Brenner, der etwa 60 bis 70 l Gas verbraucht und 40 bis 50 HK liefert; neuerdings kommen zahlreiche Systeme von Hängelichtbrennern mit 50, 100, 200, 300, 400 oder 500 HK Leuchtkraft in stärkerem Maße zur Einführung. Sie haben neben dem Vorteil des g e r i n g e r e n G a s v e r b r a u c h s und der wesentlich g ü n s t i g e r e n L i c h t v e r t e i l u n g den der besseren dekorativen Wirkung und eignen sich namentlich für Wohn- und Arbeitsräume, aber auch zur Beleuchtung im Freien. Man muß sie, um den günstigsten Lichteffekt zu erzielen, möglichst hoch über dem Fußboden anbringen lassen.

Für die B e h a n d l u n g der gewöhnlichen Gas-glühlichtapparate beachte man folgendes:

Das A n z ü n d e n erfolgt am besten v o n o b e n, einige Sekunden nach dem Aufdrehen des Brenner-hahns. Man trage Sorge, daß von Zündhölzern nicht der verkohlte Kopf, von Wachs- oder Spiritus-lunten kein Tropfen in den Zylinder hinabfalle. Brennt die Flamme, so kann man den Hahn so weit wieder zudrehen, bis eine Leuchtkraftabnahme bemerklich wird. Die beste Lichtwirkung wird n i c h t i m m e r bei voll offenem Hahn erzielt.

Beim Anzünden kann es vorkommen, daß die Flamme ›d u r c h s c h l ä g t‹ (›zurückschlägt‹); dies verrät sich durch blaues Licht in der Mischkammer unter der Brenngalerie und durch schwaches, grün-liches Leuchten des Glühkörpers. Wenn in diesem Falle schnelles Zu- und Wiederaufdrehen des Brenner-hahns nicht hilft, so muß die Flamme gelöscht und nach einer Weile abermals angezündet werden.

Das zuweilen auftretende ›Z i s c h e n‹ oder ›S a u s e n‹ von Gasglühlichtbrennern ist zumeist

durch zu hohen Gasdruck bzw. zu hohen Gasverbrauch verursacht und durch Verkleinern der Gas-
düsen oder Drosseln mittels des Brennerhahns zu
beseitigen; das ›Bellen‹ oder ›Knattern‹ ist
durch Staubansammlung im Brenner oder durch
Luftüberschuß verursacht und durch Ausblasen
der Mischkammer oder durch Drehen am Luftstellring
zu beseitigen, wenn nicht schon eine Änderung
der Hahnstellung Abhilfe schafft.

Die Glaszylinder reinigt man am besten durch
Anhauchen und Abwischen mit trockenem Wollen-
lappen. Die übrigen Glassachen (Glocken, Tulpen
und Schirme) vertragen auch nasse Reinigung.

**Selbst- und Fern-
zünder.**
Von den in den letzten Jahren
so zahlreich auf den Markt gebrachten Systemen chemi-
scher Selbstzünder für Gasglühlicht haben sich
einige, und zwar sowohl Hahnzünder wie Blakerzünder, für Brenner in trockenen und im Winter
geheizten Innenräumen als brauchbar und genügend
zuverlässig erwiesen. Für im Freien oder in feuchten
Räumen angebrachte Brenner eignen sie sich jedoch
noch nicht. Dagegen sind die elektrischen Fernzünder, mit denen man aus beliebiger Entfernung
die Brennerhähne öffnen und das Gas anzünden
kann, neuerdings derart vervollkommnet worden,
daß sie allgemein brauchbar sind (Systeme: Multiplex
sowie Senetazünder u. a.). Sie sichern dem
Gasglühlicht dieselbe Bequemlichkeit, die
bisher nur das elektrische Licht besaß.

Beleuchtungs-körper. Die Auswahl in Beleuchtungskörpern für Gasglühlicht ist dank dem lebhaften Wettbewerb zahlreicher Fabriken überaus groß, so daß jedem Geschmack und jeder Anforderung an Lichtfülle Rechnung getragen werden kann und besondere Weisungen für die Auswahl nicht notwendig sind. Nur eins erscheint zweckmäßig, nämlich der Hinweis darauf, daß die k l e i n e r e n Gasglühlichtbrenner (Baby, Juwel, Liliput usw.) noch immer nicht genug Verwendung finden. Sie liefern nicht nur genügende Lichtfülle für kleinere Räume, sondern ergeben auch in größeren Räumen häufig eine bessere dekorative Wirkung und Lichtverteilung als die gewöhnlichen Normalbrenner. Ferner sei hervorgehoben, daß durch das hängende Gasglühlicht eine viel größere Freiheit für die k ü n s t l e r i s c h e G e s t a l t u n g der Beleuchtungskörper gewonnen ist, als man früher bei Gas besaß, und daß man neuerdings v e r t e i l t e L i c h t q u e l l e n mit Recht der Häufung der Lichter an Kronleuchtern vorzieht.

Gasschläuche. Für den Anschluß beweglicher Leucht- und Heizbrenner an die Gasleitungen ist immer noch der auf zwei Tüllen aufgeschobene gewöhnliche G u m m i schlauch in Anwendung. Besser aber sind die neueren M e t a l l schäuche und die u m s p o n n e n e n S p i r a l s c h l ä u c h e mit metallenen Anschlußstücken. Sie sind nur scheinbar teurer als die Gummischläuche, da sie sehr viel länger halten. Bei allen Schlauchverbindungen muß stets ein

Absperrhahn an der Anschlußstelle **v o r** dem Schlauch angeordnet werden!

Gas-Koch- und Heizapparate. Bei der großen Verschiedenheit der marktgängigen Koch- und Heizapparate können allgemeine Leitsätze für deren Auswahl und Gebrauch nicht gegeben werden. Man sollte aber stets beim Ankauf solcher Apparate sich über ihren Gebrauch unterweisen lassen und getreu danach verfahren. Im übrigen gibt auch jede Gasanstalt gern Auskunft über die sachgemäße Handhabung der Apparate.

---

4. Schlußwort.

Von dem vorliegenden Büchlein sind bisher schon über dreihundertachtzigtausend Exemplare in deutscher, französischer, dänischer, italienischer und magyarischer Sprache verbreitet worden. Sie haben in unzähligen Fällen dem Gas neue Freunde geworben. Noch immer stehen aber viele abseits. Ihnen gilt der Ruf:

„Kein Haus ohne Gas!"

Man beachte auch die folgende Seite!

Von demselben Verfasser sind ferner im Verlag von R. Oldenbourg in München erschienen und durch jede Buchhandlung zu beziehen folgende volkstümliche Schriften über Gas:

Das Gas im bürgerlichen Hause. 40 S. Mit 18 Abbildungen im Text und auf 1 Tafel.
Preis einzeln: M. —.50.

Die Warmwasserversorgung ganzer Häuser und einzelner Stockwerke durch selbsttätige Erhitzer mit Gasfeuerung. 28 S. Mitt 4 Abb.
Preis einzeln: M. —.50.

Mittelbare Gasheizung. 20 S. Mit 7 Abb.
Preis einzeln: M. —.50.

Die angebliche Gefährlichkeit des Gases im Lichte statistischer Tatsachen. 52 S. Mit 8 Abb.
Preis einzeln: M. —.60.

Muß der Gasmotor dem Elektromotor weichen? 32 S. Mit 12 Abb.
Preis einze'n: M. —.50.

Bei Partiebezügen treten Preisermäßigungen ein.